漏电排查治理作业
一本通

国网浙江宁波市奉化区供电有限公司 组编

中国电力出版社
CHINA ELECTRIC POWER PRESS

图书在版编目（CIP）数据

漏电排查治理作业一本通 / 国网浙江宁波市奉化区供电有限公司组编. —北京：中国电力出版社，2020.4（2022.10重印）
ISBN 978-7-5198-4501-8

Ⅰ. ①漏…　Ⅱ. ①国…　Ⅲ. ①漏电流–故障检测–岗位培训–教材　Ⅳ. ①TM07

中国版本图书馆 CIP 数据核字（2020）第 055022 号

出版发行：中国电力出版社	印　　刷：北京瑞禾彩色印刷有限公司
地　　址：北京市东城区北京站西街 19 号	版　　次：2020 年 4 月第一版
邮政编码：100005	印　　次：2022 年 10 月北京第二次印刷
网　　址：http://www.cepp.sgcc.com.cn	开　　本：787 毫米×1092 毫米　横 32 开本
责任编辑：高 芬 罗 艳（010-63412315）	印　　张：3.5
责任校对：黄 蓓　王海南	字　　数：61 千字
装帧设计：张俊霞	印　　数：3001—4000 册
责任印制：石 雷	定　　价：28.00 元

编 委 会

主　任　丁文宣

委　员　张　弛　苏毅方　吴越波　吴军平　周宏辉　仇　钧
　　　　应肖磊　吴　军　王荣历　俞　军　戴晓红　胡　盛
　　　　刘　羽

编 写 工 作 组

组　长　应肖磊

副组长　刘　羽

成　员　王春娟　秦如意　王松林　胡　海　裘学东　秦立明
　　　　楼鸿鸣　毛以平　雷　鸣　钟雷鸣　周　晨　马振宇
　　　　俞　伟　周文韬　陈　诚　任俊东　刘　青　仲　赞
　　　　曾　航　鲁洋超　钱忠敏　张日勇　黄　翔　张天乐
　　　　罗　勇　马　凡　毛志超　顾　奕　王海玲　张　杰
　　　　董　博　董涛涛　张天翔　于　海　周浩亮　杨　扬
　　　　司徒佳波　唐　军

Preface 前 言

　　漏电是导致触电事故的重要原因之一，给人民群众生活带来了极大风险。为响应乡村振兴战略，服务地方百姓，为建设美丽中国添砖加瓦，充分了解漏电隐患，并对漏电隐患进行全面排查，对于降低触电事件发生概率意义重大。为切实减少农村低压线路因漏电导致的人身触电、火灾问题，提高剩余电流动作保护器的安装、投运率，2018 年国网浙江宁波市奉化区供电公司以溪口供电所为试点，开展漏电专项整治工作。参考溪口供电所漏电隐患排查处理的典型经验做法，组织了一批具有相关经验的基层管理者和业务技术能手，本着"规范、统一、实效"的原则，编写了本书。

　　本书结合漏电排查治理一线员工岗位特点，按照国家电网有限公司关于漏电排查工作建设、应用和管理的要求，立足基层工作实际，结合新研发漏电隐患排查处理技术编写而成。全书分为四篇，包括总述篇、隐患排查篇、现场处置篇和案例篇，涵盖了漏电排查处置工作所需的基础知识、工作准备、排查方法、排查流程、处置流程、处置措施等，并列举、分析了实际工作过程中的典型案例。

　　本书的编写得到了相关专家的大力支持，在此谨向参与本书编写、研讨、审稿、业务指导的各位领导、专家和有关单位致以诚挚的感谢！

　　由于编者水平有限，疏漏之处在所难免，恳请各位领导、专家和读者提出宝贵意见。

编　者

2019 年 12 月

Contents 目 录

前言

总 述 篇

本篇主要对漏电基础知识进行概述，阐述低压台区漏电的定义、危害及分类。同时对低压台区进行介绍并分析漏电产生原因。

引入漏电排查处理新技术，通过对比分析常规漏电排查方法与新技术，进一步明确新技术优势，为后续漏电排查治理奠定基础。

一、漏 电 基 础 知 识

（一）漏电的定义

漏电流：对地电容电流以及由于电网绝缘不良等原因形成的流入大地的电流，即电网流向电网外部的电流。

（二）漏电的种类

电网中的漏电流可分为正常泄漏电流和接地故障电流。

（1）正常泄漏电流：低压电网的正常泄漏电流是指正常情况下低压电网对地的电容电流，包括低压线路上对地的泄漏电流和电力用户内部的泄漏电流。

（2）接地故障电流：低压电网的接地故障电流是由于低压线路对地绝缘损坏而产生的对地故障电流。

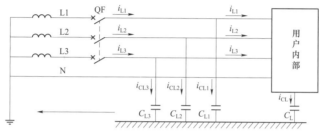

正常泄漏电流示意图

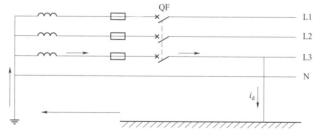

接地故障漏电流示意图

（三）漏电的危害

（1）对人的危害：漏电产生时，造成电气设备外露金属部分带电，极易造成人身触电伤害。

（2）对配电网的危害：漏电造成线路电压、电流不稳定，电能耗增加，严重时导致配电网局部或全部停电。

（3）对财产的危害：漏电往往伴随着电火花、电弧的产生，极易引燃可燃物，严重时造成火灾，导致人员及财产损失。

（四）漏电隐患分类

根据漏电出现的时间特征，可将其分为间歇性漏电和持续性漏电。

1. 间歇性漏电

定义：一段时间内只出现一次或几次，持续时间短的漏电。

分类：规律性间歇漏电和无规律间歇漏电。

（1）规律性间歇漏电。漏电虽然呈间歇性，但出现的时间或出现时的漏电幅值有规律，如：

1）空调压缩机漏电：一般在压缩机工作时发生。

2）水泵漏电：一般在水泵工作期间发生。

空调压缩机漏电

水泵漏电

（2）无规律间歇漏电。偶发性漏电，漏电发生时间、漏电幅值无明显规律可循，如：

1）线路漏电：一般在线路绝缘不良遇到特殊环境时发生。

2）动物触电：一般在动物闯入配电箱时发生。

3）电器设备临时性接地：不定期使用设备时发生。

线路漏电　　　　　动物闯入配电箱引起漏电　　　　　电器漏电

2. 持续性漏电

定义：漏电值在某个范围内浮动且长时间持续的漏电。如：

（1）用户侧零线与地线混接或重复接地等接线错误造成的漏电。

（2）跨回路零线借用引起的漏电值异常。

（3）电器设备或线路持续性接地故障。

TT 系统用户侧重复接地

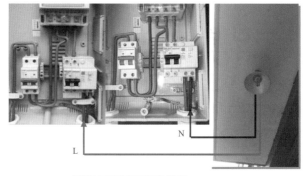

照明灯跨回路零线借用

二、漏 电 排 查 环 境

（一）低压台区介绍

低压配电网现有接地系统的保护方式如下：

接地形式	TT	TN-S	TN-C	TN-C-S
接地方式	电力系统中变压器出线有一个点直接接地	整个系统 N 线与 PE 线严格分开	整个系统的中性线与保护线合一	系统中有部分线路的 N 线与 PE 线合一
总保	安装	安装	无法安装	无法安装
中保	可选择安装	可选择安装	无法安装	可选择安装，但需安装在 N 线与 PE 线分开的后端
户保	安装	安装	无法安装	安装

注意事项 （1）根据相关规定，第三级（用户）应安装户保，然而部分用户安全意识薄弱，往往不能
正确使用户保，导致漏电隐患频发，且影响了低压台区的正常运行。

（2）针对这一现象，如何正确排查漏电，消除隐患，保持低压台区稳定运行极为重要。

（3）本书漏电排查分析以 TT 系统为主，其他接地供电方式需做适应性修改。

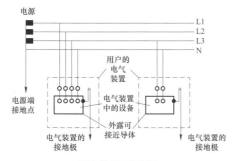

TT 系统接线示意图

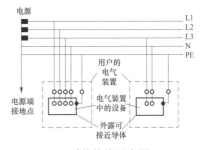

TN-S 系统接线示意图

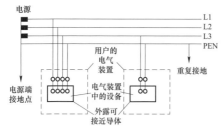

TN-C 系统接线示意图

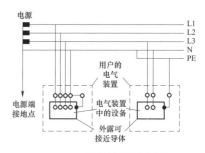

TN-C-S 系统接线示意图

（二）台区漏电产生原因

台区漏电产生的原因主要包括接线错误、线路绝缘不良以及用电设备漏电三方面。

1. 接线错误

分类	原因	具体描述
跨回路零线借用	借用其他回路零线	如路灯、广告牌
重复接地	TT 系统零线重复接地	用户错接

2. 线路绝缘不良

分类	原因	具体描述
线路绝缘不良	线路老化	老旧线路
	导体裸露	被锐器破坏的导线
		绝缘子击穿

3. 用电设备漏电

分类	原因	具体描述
用电设备漏电	水汽进入导电回路	如污水泵、浴霸
	带电线路触碰设备外壳	如电饭煲、电磁炉
	谐波接地	未接隔离变的 UPS 电源
		未接隔离变的电焊机

三、漏 电 隐 患 处 置

（一）常规漏电排查方法

采用钳形电流表确认总线漏电值后，将低压线路各进户点的用户开关逐个断开，观察钳形电流表的漏电值是否减小或消失，逐步缩小范围，直至找到故障点。

其他如逐户投运法、停电查零线法等传统方法，对持续漏电排查有一定的效果，但农网低压台区存在间歇漏电、多点漏电的现象，当这些特征出现时，很难快速、有效地完成排查，给基层员工带来困扰。

（二）新方法的提出

针对农网台区往往存在多点漏电、间歇漏电等特征，通过多点多级实时监控法，对漏电数据逐级分析验证，可达到快速准确一次性完成台区漏电排查的目标。

➢ 台区漏电情况模拟如图：

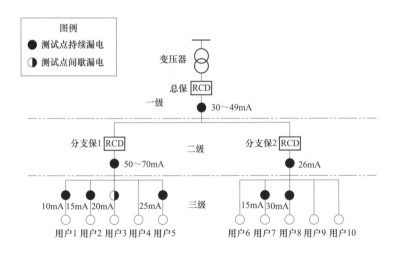

> 数据分析如表：

情况分析	漏电值分析（mA）					
一级	30＜50+26					49＜70+26
二级	50＝10+15+25			26＜15+30		间歇增加 20+50＝70
三级	10	15	25	15	30	间歇出现 20
用户相位	L3（用户1、用户2、用户5）			L1（用户7）	L2（用户8）	L3（用户3）
漏电特征	同相多点漏电叠加			非同相矢量和漏电		同相间歇漏电

> 数据矢量图分析：

（1）分支保 1 漏电矢量图。

分支保 1 用户 3 间歇无漏电时矢量图　　　　分支保 1 用户 3 间歇漏电时矢量图

（2）分支保 2 漏电矢量图。

分支保 2 漏电矢量图

（3）总保漏电矢量图。

总保用户 3 间歇无漏电时矢量图

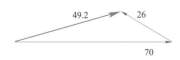

总保用户 3 间歇漏电时矢量图

（三）新方法的应用

1. 漏电检测系统

通过漏电检测系统对台区隐患点进行在线多点监测，统一捕捉漏电数据，统一分析，避免停电作业，解决台区漏电排查难度大、工作量大等问题。

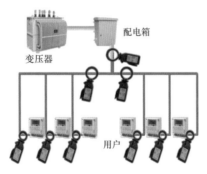

台区测试示意图

2. 漏电检测系统（单户型）

通过漏电检测系统（单户型）对用户漏电进行逐路检测，实现用户漏电问题的排查与定位，确认漏电真实原因，为用户整改提供技术支持。

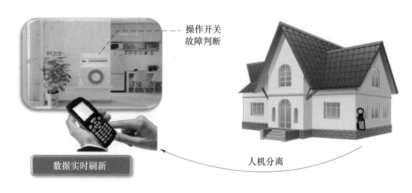

用户测试示意图

隐患排查篇

本篇主要阐述低压台区漏电排查的方式方法及排查过程中的注意要点等。

明确隐患排查前准备工作，对人员要求、工器具使用等做说明；并梳理漏电排查流程，阐述根据排查流程如何进行有效排查，从而明确漏电情况。

四、工作前准备

（一）现场人员要求

1. 人员资质要求

熟悉电力相关知识，持有低压电工作业证、高处作业证等。持证上岗并具有现场工作经验。

2. 个人防护要求

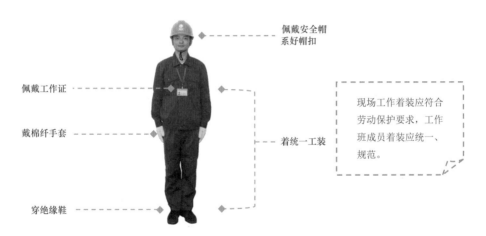

佩戴安全帽
系好帽扣

佩戴工作证

戴棉纤手套

穿绝缘鞋

着统一工装

现场工作着装应符合劳动保护要求，工作班成员着装应统一、规范。

（二）工器具配备及使用

1. 工器具配备

螺丝刀

验电笔

尖嘴钳

照明工具

万用表

漏电检测系统

漏电检测系统
（单户型）

注意事项 高空作业还需要配置合格的高处作业工器具，如脚扣或登高板、安全带、绝缘梯等。

2. 工器具使用介绍

工器具名称	功能说明	使用情景
螺丝刀	装卸螺丝	漏电治理环节的线路、设备检修
验电笔	检查400V以下导体或用电设备外壳是否带电	漏电治理环节的线路、设备检修
尖嘴钳	导线规整	漏电治理环节的线路、设备检修
照明工具	环境照明	漏电排查和治理环节
万用表	测量电压、电流和电阻等电气量	漏电排查和治理环节
漏电检测系统	测量漏电值	台区漏电排查环节
漏电检测系统（单户型）	测量漏电值	用户漏电排查、治理环节

为熟悉新工具的操作方法，使工作人员能够顺利进行低压台区漏电排查与治理，下面将对漏电检测系统及漏电检测系统（单户型）做出详细使用说明。

3. 漏电检测系统使用

（1）漏电检测系统的组成及作用。

漏电检测终端、云服务器、手机 App 共同构成了漏电检测系统，其中漏电检测终端挂装至低压台区各待测节点，用于采集各节点的漏电数据；云服务器用于汇总、分类各检测终端采集的漏电数据；手机 App 承担测试工作安排、数据查看、分析、终端挂装、回收等工作。

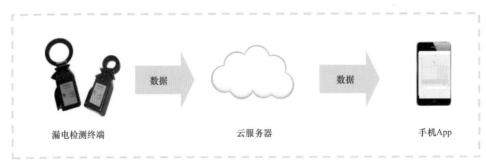

漏电检测终端　　　　　　　　　云服务器　　　　　　　　　手机App

（2）漏电检测系统的操作说明。

1）扫描二维码，关注公众号，建立手机端操作界面。（此处以杭州华春科技有限公司开发的检测系统为例进行说明）

2）主管账号登录，在线建立测试台区。

点击公众号　　　　　　点击进入个人中心　　　输入主管账号密码后登录

点击漏电采集—台区管理

点击增加台区　　　　　　输入台区信息—点击保存

注意事项　（1）账号在配置漏电检测系统时自带。

（2）带"*"的为必填项，便于记录测试台区信息。

（3）只有被选中的操作员才能对该台区进行测试操作。

点击已建立的台区名　　　点击操作员—点击开始安排　　　查看台区显示正在测试中

3）登录操作员账号，终端开机并进行测试。

点击微账户

点击个人中心

输入操作员账号密码后登录

长按开机

通信绿灯闪烁，
通信成功，可
以挂装

注意要点　　（1）登录时选择主管安排的操作员账号。

（2）挂接漏电检测终端时，先挂到待测线上再开机，防止开机后内部电子锁打开无法
挂接。

（3）只有将漏电检测终端开机并通信正常后才能在手机 App 上操作挂装命令。

点击漏电采集—挂装　　　　点击测试台区选择　　　　选择测试台区

选择要挂装的终端号

输入表号和用户名

绑定成功—继续点击挂装

注意要点　（1）选择主管已安排测试的台区。

（2）表计资产编号（表号）可以选择扫描的方式也可以直接输入，但是表号最多只能输入

和显示 6 位，同时表号和用户名也可任意输入。

4）测试数据查看，主管与操作员账号都可以。

a. 在线查询：可以查看挂装点的地图位置，也可以查看挂装的"检测终端"在线情况。

点击漏电查询—在线查询

点击地图查看挂装点位置

点击在线查看在线设备情况

b. 实时漏电查看：可以查看某个终端的详细漏电数据、曲线、挂装点位置。

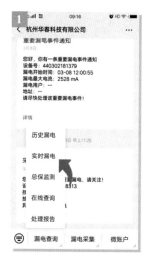  

点击漏电查询—实时漏电　　　　点击测试的台区　　　　查看台区整体漏电情况

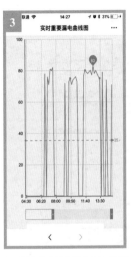

查看挂装点位置信息　　　　查看某个终端的详细漏电　　　查看某个终端的漏电曲线

注意要点　　点击 " 1 " 中的地图点标识可以显示当时挂装绑定时输入的用户信息。

34

5）登录操作员账号，展开检测终端回收工作。

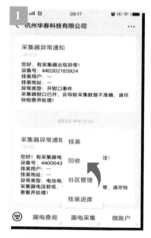

点击漏电采集里的回收

选择需要回收的终端的台区

锁定需要回收的终端

点击终端标识点　　　　　　点击回收设备　　　　　点击确定可以继续回收

注意要点　回收检测终端时要确认是自己所测试的台区，回收时可以选择地图导航，防止设备回收遗失等问题。

4. 漏电检测系统（单户型）使用

（1）漏电检测系统（单户型）组成及作用。

漏电检测系统（单户型）由漏电采集终端和 PDA 组成。其中漏电采集终端挂装用户表箱进线或出线，采集用户总进线漏电数据；PDA 随身携带，方便实时监测总进线漏电数据的变化，判断漏电故障位置。

漏电采集终端

PDA

（2）漏电检测系统（单户型）的操作说明。

1）漏电采集终端挂装并开机。

挂装用户进线

采集终端开机

2）使用 PDA，打开漏电检测系统（单户型）App，选择"芯片设置"，默认密码 123456，在"当前设备号"一栏中点击"读取"，读取当前设备号。

点击漏电定位仪 App

点击芯片设置

输入密码后点击确定

点击读取获取开机的
采集终端设备号

3）读取成功后，点击"校时"，校准设备时间。

点击校时

4）返回主界面，点击"开始刷新"查看漏电数据。

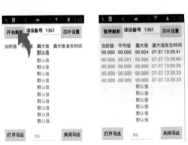

点击开始刷新　　查看漏电值

5）测试完成，点击"休眠"，采集终端关机。

点击芯片设置里的休眠关闭采集终端

（三）台区基础资料收集确认

1. 需要排查漏电隐患的台区

通过监控配电自动化四区系统整理统计台区总保的漏电情况。

（1）通过订阅配电自动化系统漏电异常信息，整理出有漏电的台区出线。

预警短信订阅

（2）通过分析漏电曲线，将有漏电隐患的低压台区出线分成间歇漏电台区出线和持续漏电台区出线。

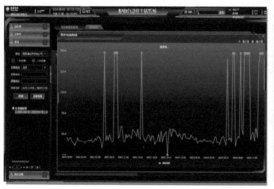 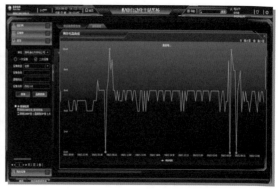

查看曲线分析漏电类型（间歇漏电）　　　　　　　查看曲线分析漏电类型（持续漏电）

注意事项 （1）目前国网浙江省电力有限公司已配套配电自动化主站系统，其主要功能为数据采集与处理、配电网运行趋势分析、配电终端管理、数据质量管控、配电终端缺陷分析和配电主站指标分析等。

（2）外省配有其他总保监测平台的可从其他平台获取数据。

（3）外省未安装总保或已安装总保但未配置监测平台的台区，可通过安装台区漏电监测终端或总保监测终端，监测台区总出线的漏电情况，如图所示：

采集器编号	当前漏电电流(mA)	漏电次数	最大漏电电流(mA)	最大漏电电流开始时间	当前状态
440110429593	92	4136	92	09-18 13:28:31	采集器告警
440073719925	49	4202	202	01-17 08:45:27	采集器告警
440073719862	62	821	167	10-08 05:44:23	采集器告警
440073719917	71	4205	138	10-01 06:49:06	采集器告警
440073719966	43	4201	74	09-12 19:57:42	采集器告警
440073719802	15	2671	136	09-10 09:46:10	采集器告警
440073719968	50	4204	50	09-14 05:57:20	采集器告警
440073719939	64	3862	64	09-16 14:14:14	采集器告警

监测终端   数据监测

2. 收集相关资料

（1）低压台区配网图有助于合理安排工作，提高排查效率。

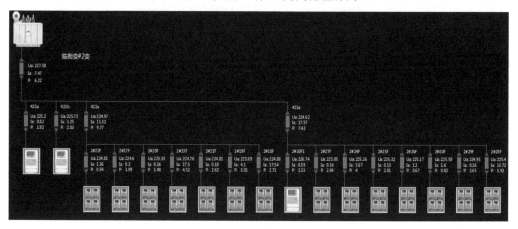

配网线路图

（2）低压台区总保、分支保、户保配置情况及用户数量的整理，有助于梳理漏电排查的重点环节，提高测试准确率。

（3）待查台区分类整理。

五、漏 电 排 查

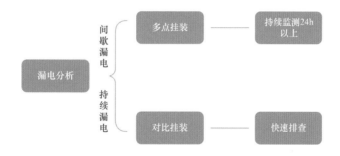

通过对配电自动化主站系统的各个低压台区漏电特征曲线进行分析，把它区分成间歇性漏电情况和持续性漏电情况两大类：

（1）针对间歇性漏电的低压台区，采取多点挂装的方法，即对低压台区配电区域内的三级监测节点均挂装漏电检测终端，进行持续 24h 以上的漏电检测。

（2）针对持续性漏电的低压台区，采取对比挂装的方法，即对低压台区配电区域内的三级监测节点进行逐级挂装，并逐步排查到漏电点。该方法重点在于可以快速进行漏电排查，提高持续漏电的排查效率。

（一）低压台区漏电排查

1. 现场作业注意要点
为确保低压台区漏电排查的有效性，现场作业应遵循以下要点：

（1）挂装低压台区总出线时应选择大口径漏电检测终端进行挂装测试，以免口径太小无法挂装。

台区总出线挂装

（2）挂装分支线时，应尽量挂装在分支箱的前端进线上或分支节点的前端线路上，便于捕捉分支箱内及分支线下侧的总漏电情况。

分支线挂装

（3）挂装用户线路时应尽量挂装在表箱前端的接户线上，便于排查表箱内部可能漏电的情况。

用户线挂装

（4）挂装漏电检测终端时确认所挂装的线路是三相四线还是单相用电线路。

1）三相四线线路：将 L1、L2、L3、N 四根线一起夹入漏电检测终端。

2）单相用电线路：将相线及零线一起夹入漏电检测终端。

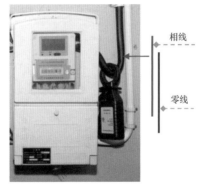

相线

零线

挂装三相四线　　　　　　　　挂装单相

注意事项：　不要少夹入，也不可把 PE 线夹入。

（5）挂装漏电检测终端时应先将终端挂装至待测电缆上再开机，避免开机后电子锁上锁无法挂装，开机时终端运行灯闪亮，检查钳口是否上锁。

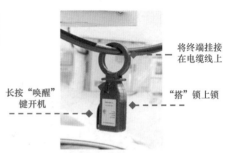

将终端挂接在电缆线上

长按"唤醒"键开机

"搭"锁上锁

（6）挂装漏电检测终端后应确认钳口完全闭合，钳口未完全闭合会造成无效测试。

钳口闭合确认

（7）漏电检测终端挂装完成后，在公众号界面查看已挂装终端的在线情况，包括终端电池电量、有无离线、漏电等情况，并关注公众号内有无异常推送，如重要漏电、异常开钳口、低电量报警等，便于及时掌握终端的运行测试情况。

2. 分类挂装方法

根据总保的漏电特征选择合适排查方法有助于提高排查质量和效率：① 间歇漏电选择多点挂装排查法；② 持续漏电选择对比挂装排查法。

漏电分类	实际情况	挂装方法	
间歇漏电	漏电检测终端的数量≥用户数	全用户挂装法	多点挂装排查法
	漏电检测终端的数量<用户数	分支线挂装法	
	户保功能正常的用户不挂装	筛选挂装法	
持续漏电	漏电情况处于持续状态	对比挂装排查法	

（1）间歇漏电——多点挂装排查法。

1）全用户挂装法。

方法介绍：总保出线、分支线、每个用户都挂装漏电检测终端，该方法可全面捕捉台区的漏电数据，有助于分析漏电特征，准确定位漏电位置，一次性完成低压台区漏电排查。

➢ 示意图

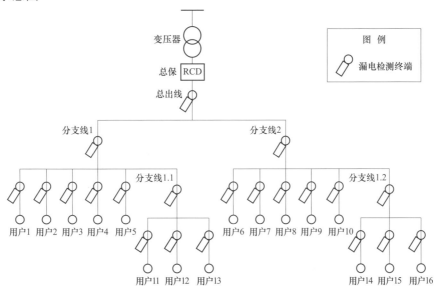

2）分支线挂装法。

方法介绍：总保出线、分支线（下接多用户）、单用户各挂一个漏电检测终端，确定漏电分支后，再次对该分支线下接所有用户进行挂装测试，最终确认具体漏电位置。该方法可以在设备数量不足时采用，但此方法耗时较长，需要多次测试。

➤ 示意图

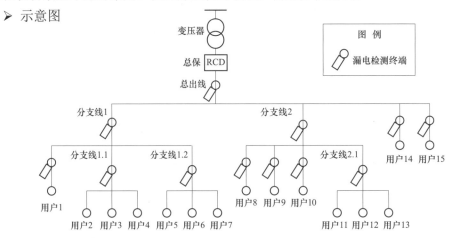

3）筛选挂装法。

方法介绍：用户安装户保且正常投运或大致漏电范围已明确的低压台区，只需针对未正确使用户保用户或重点怀疑区域进行测试。该方法效率高、使用终端数量少、针对性强，但要求测试人员对台区情况比较了解。

➢ 示意图

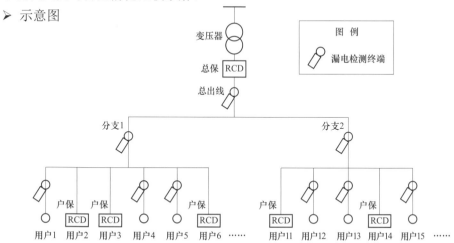

（2）持续漏电——对比挂装排查法。

> 排查步骤

| 总出线漏电确认 | → | 分支线漏电确认 | → | 漏电点确认 |

> 示意图

| 图　例 |
| 漏电检测终端 |

变压器

总保 RCD ①

总出线 180mA

② 分支线1 110mA

② 分支线2 70mA

③ 40mA 70mA

③ 0mA 0mA 0mA 0mA 0mA

用户1　用户2　用户3　用户4　用户5　用户6　用户7　　用户8　用户9　用户10　用户11　用户12

> 持续漏电对比挂装排查法解析

测试步骤	配电挂装区域	漏电测试值（mA）			分析	
一	一级	总出线			确认总出线漏电 180mA	
		180				
二	二级	分支线 1		分支线 2	110+70≈180，判断分支线 1、2 均漏电	
		110		70		
三	三级	用户 1	用户 2	用户 8～12	40+70≈110 用户 1、2 漏电	用户无漏电
		40	70	0		
结论		总出线漏电由下接用户 1、2 及分支线 2 下线路漏电引起				

注意事项： 如在总出线检测出的漏电流值小于下接某条分支线的漏电流值，此时有可能出现了非同相漏电的矢量和特征，则仍需挂装其余下接分支线，以确认其余分支线是否也存在漏电的情况，用户侧同理。

（二）漏电点确认

1. 持续漏电

持续漏电排查采用对比挂装排查法，需验证上下级漏电大小的一致性，即当总保、分支、用户侧漏电检测终端数据基本一致时，可直接确定漏电点，完成低压台区漏电排查，否则可能还存在其他漏电点。

2. 间歇漏电

间歇漏电排查采用多点挂装排查法，需重点关注上下级漏电发生时间及大小，即当总保、分支、用户侧漏电检测终端漏电数据、特别是漏电发生时间基本一致时，可直接确定漏电点，完成低压台区漏电排查，否则可能还存在其他漏电点。

3. 漏电位置判断

（1）线路漏电判断：当挂装在线路前端的漏电检测终端检测到漏电值，线路后端的漏电检测终端未检测到漏电值时，则表明该两个终端之间线路存在漏电情况。

示意图

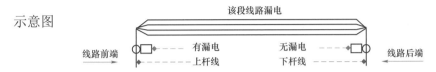

（2）用户漏电判断：当挂装在用户接户线的漏电检测终端有漏电数据时，该用户存在漏电情况。

4. 漏电特征判断

（1）三相矢量和漏电特征判断：挂装在上一级总线上的漏电检测终端的漏电流小于下接分支线路的漏电流之和，一般情况下漏电矢量的关系为，上级线路漏电值小于下接分支线或用户漏电流之和；极端情况下会出现三相平衡的特征，即总线漏电值为0，下接分支线路 L1/L2/L3 相各有1个同等数值的漏电流。

（2）跨回路零线借用特征判断：挂装在上一级总线上的漏电检测终端的漏电流为0，挂装在下接线路上的两个或多个线路的漏电检测终端同时检测到相同的漏电值，与三相平衡特征不同的是，可以是多个同相火线或不同相火线借用一根零线，只要没有真正的漏电出现，上一级都检测不到漏电，而下级能检测到相同的漏电值及漏电发生时间，该漏电并非实质意义上的漏电,而是线路上产生的剩余电流,但不加以处理会导致该两条线路的漏保均无法投运。

5. 排查分析举例

全用户挂装法演示低压台区漏电排查示意图:

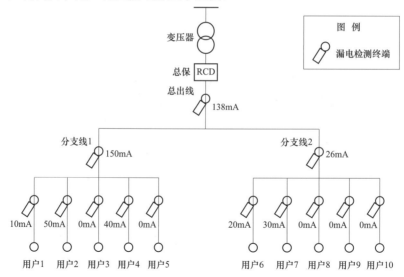

根据上图挂装的漏电检测终端测得的漏电流分析如表：

配电挂装区域	漏电测试值（mA）						分析	
一级	总出线						总出线漏电与分支线 1、2 漏电矢量和一致	
	138							
二级	分支线 1				分支线 2		分支线 1 漏电＞用户漏电之和，有线路漏电	分支线 2 漏电与用户 6、7 漏电矢量和一致
	150				26			
三级	用户 1	用户 2	用户 4	其余用户	用户 6	用户 7	用户 1、2、4 及分支线 1 下线路漏电	用户 7、8 漏电
	10	50	40	0	20	30		
结论	总出线漏电主要由：（1）分支线 1 下接用户 1、2、4 及分支线 1 下线路漏电引起 （2）分支线 2 下接用户 6、7 漏电引起							

6. 漏电点现场勘查

当低压台区漏电排查到某一节点有漏电情况后，采用漏电检测系统（单户型）再次对该节点进行漏电确认，见图：

挂装漏电采集终端

PDA 数据查看

PDA 漏电变化

（1）将漏电采集终端挂装在有漏电情况的线路节点上，注意钳口是否完全闭合。

（2）查看 PDA 的漏电数值对比台区排查时记录的漏电值，确认漏电是否真的存在。

注意事项:

如勘察时漏电情况已消失:

（1）礼貌地跟节点下侧用户沟通，尽可能开启用户家中所有电器确认漏电。

（2）礼貌地询问节点下侧的用户，在台区排查时出现漏电的时间用户开启了哪个电器，请用户配合再次开启电器确认漏电情况。

（3）观察下接线路是否存在绝缘破损、钢绞线触碰、树枝接触等现象。

Part 3

现 场 处 置 篇

　　漏电处置分为产权分界点前端处置和产权分界点后端处置，本篇主要阐述了产权分界点后端的漏电处置方法。

　　本篇梳理了用户漏电处置流程，并根据处置流程展开说明了处置方法及注意要点，形成流程闭环，做好漏电隐患处置后的反馈归档工作。

六、处　置　流　程

（一）低压台区漏电处置

低压台区漏电处置分为产权分界点前与产权分界点后，产权分界点一般设置在电能表后第三级漏保－户保前，因此第三级保护器（户保）属于用户资产。

1. 产权分界点前漏电

漏电主要由线路接地故障、导线裸露部分与异物接触等原因造成。产权分界点前端的供电公司资产根据台区漏电排查定位，由供电公司人员负责整改。

2. 产权分界点后漏电

如线路私拉乱接、不规范使用电器、电器老旧导致绝缘不良等。绝大部分的漏电情况都出现在产权分界点后端，给低压配电台区的安全运行造成极大的隐患。本部分重点阐述位于产权分界点后端的漏电处理，处理流程如图：

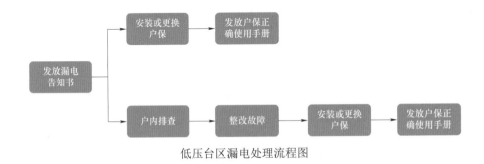

低压台区漏电处理流程图

注意事项： 如产权分界点后有漏电，一般为未安装户保、绕越户保及户保故障三种情况，均存在漏电点，需要用户自行整改后正确安装使用或更换户保。

（二）漏电用户告知书&安全用电告知书管理

（1）目的：明确告知用户所处环境的漏电情况，起到督促改进的作用。

（2）体现信息：如实告知漏电情况、漏电的危害等，并建议安装、正确使用或更换户保。

（3）漏电告知书发放：在低压台区漏电排查后，针对漏电用户发放漏电用户告知书。漏电用户告知书一式四份，一份供电所

漏电用户告知书

尊敬的用户___电表号___

经供电所相关人员于20__年__月__日至__月__日，对您家（单位）用电情况检测，发现存在___次最大___mA 的漏电情况发生。出现漏电情况表明您家（单位）存在安全用电隐患，如不及时处理可能会导致：**1、人员触电事故； 2、增加引发火灾机会。**

按照相关规定："表后设施属于您家（单位）资产，供电企业无权、无责处置"，强烈建议您（单位）自行及时联系村电工或专业人员进行漏电原因查找、整改。为保证长时间安全用电，强烈建议：

1、您家（单位）安装漏保； 2、漏保每月需试跳一次、不超过 6 年更换。

告知单位：_____供电所

被告知人：_____

被告知人联系方式：_____

20__年__月__日

保存、一份供电公司安监部保存、一份用户保存、一份送政府部门（安监部、村镇等）存档备案，模板如图所示。

（4）安全用电告知书发放：针对用户整改的情况，一段时间后发放安全用电告知书，

尽到电力企业的社会责任。安全用电告知书一式四份，一份供电所保存、一份供电公司安监部保存、一份用户保存、一份送政府部门（安监部、村镇等）存档备案，模板如图所示。

安全用电告知书

尊敬的用户_____ ：

您好！随着经济快速发展和社会的不断进步，人们生活水平不断提高，不安全因素也增多，为加强安全用电管理工作，保护用电户的利益，根据《中华人民共和国电力法》、《电力设施保护条例》和《居民供用电合同》的规定，供电方有义务向用电方进行安全用电告示，请严格遵守并认真履行，告知如下：

一、在架空电力线路保护区内严禁：（一）堆放谷物、草料、垃圾、矿渣、易燃物、易爆物及其他影响安全供电的物品；（二）烧窑、烧荒；（三）兴建建筑物、构筑物；（四）采石放炮；（五）在靠近电杆处挖坑或取土；（六）种植或砍伐树木、竹子等高杆植物。

二、不要在低压线路和开关、插座、熔断器附近放置油类、棉花、木屑、木材等易燃易爆物品。不要在电线上晾晒、搭挂衣物。

三、请勿私拉乱接电线，不要在接地线和零线上铺设开关和保险丝，不要将接地线接在自来水、煤气管道上。

四、电源开关应选用带漏电保护的断路器，用电户应每月自行试验一次（按试验按钮），如动作不正常，应及时修理或更换。当剩余电流动作断路器跳闸后，应查明原因排除故障后方可合闸。在使用时不得受雨晋便渡，严禁用湿手操作。

五、电源开关选用的漏电保护断路器，要与家庭用电负荷匹配。

六、家用电器应使用完好合格的插头、插座，大功率电器要使用用专用插座。带金属外壳的家用电器要有可靠的接地保护，勿将三脚插头插在两孔插座上使用。请勿购买和使用"三无"假冒伪劣家用电气设备。墙壁上的插座至少应距离地面1.3米安装，并教育小孩远离电源、开关和插座。

七、用电设备要保持清洁完好，不要带电移动用电设备，电源线、电器故障时，要请专业人员修理，及时更换家中的破损插座和电线，在检查和维修家用电器时，必须先断开电源，不要直接用手接灯头、开关、插头以及其它家用电器金属外壳，不要用湿手、湿布接触、擦抹带电插头、设备。

八、家用电器或电线发生火灾时，需先断开电源再灭火；如发现有人触电，千万不要用手去拉，应立即断开电源或用干燥木棍、竹竿挑开电线，使用正确的人工呼吸和胸外心脏挤压法进行现场急救。

九、发现高压线路断落在地面上时，切不可靠近，要远离断线地点8米以上，并派人看守现场，立即拨打辖区内供电部门的供电服务电话。

为了您和家人的幸福安全，请阅读、熟悉上述告知内容，科学用电、安全用电！

告知单位：_____供电所

被告知人：_____

被告知人联系方式：_____

七、一般情况处置措施

一般情况下，介于治理产权分界点后的用户资产，供电公司相关人员无权处置，由用户自行解决。

八、特殊情况处置措施

（一）户内排查

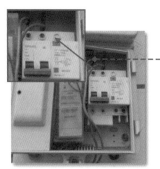

错误接线：
绕越

1. 户保使用情况确认

（1）是否有安装户保。

（2）户保阶梯配置是否符合标准。

（3）户保是否存在绕越情况。

71

（4）户保是否工作正常。

2.用户漏电情况判断

采用漏电检测系统（单户型）进行排查：

（1）将单户型配置的"漏电采集终端"挂装至用户表箱总进线。

（2）用单户型配置的PDA查看此时的漏电值，确认总进线漏电流。

采集终端挂装用户总进线

手持PDA查看数据

PDA实时数据

3. 漏电范围判断

（1）如断开表箱总进线开关后，漏电情况消失，说明漏电点在总出线的供电范围内。

（2）如逐步断开户内分线箱的每路出线开关，发现漏电值随着线路负载的减少而减小，说明用户进户线的零线存在漏电的可能。

（3）如断开户内分线箱的所有出线开关后，漏电值仍存在，说明用户进户线的相线存在漏电的可能。

断开线路开关查看漏电变化

PDA 漏电值变化

（4）如断开户内分线箱的某一路出线开关后，漏电情况突然消失，说明漏电点在该出线开关以下线路的供电范围内。

4. 漏电点判断

（1）当断开漏电出线下接的某个用电器开关后，漏电情况突然消失，说明该电器有漏电故障或连接该电器的开关回路有漏电点。切断该电器后打开电器开关，漏电情况消失，说明电器有漏电故障，反之则为电器开关后端线路存在漏电点。

（2）如逐步关闭漏电出线下的每个电器的开关，发现漏电值随着用电器的减少而减小，说明该条线路的零线存在漏电点的可能。

（3）如无论打开还是关闭漏电出线下的电器开关，漏电值都没有明显的变化，说明该条出线与用电器开关之间连接的相线存在漏电点的可能。

（二）整改故障

依据不同的故障原因，实施不同的故障整改方法。

1. 电器漏电

（1）查看电器接头是否存在烧焦的现象，从而导致零火极
与地极产生接地漏电，如有该现象更换接头。

电器接头烧焦

（2）查看电器裸露导线是否有破损现象（尤其是与壳体连
接部分及经常折弯处），线路破损与大地形成接地漏电，如有此
类现象更换电器导线。

电器导线裸露

（3）电器内部线路绝缘不良造成漏电，要求用户更换或找专业维修单位维修该电器，在此期间停用该电器。

（4）督促用户安装户保，并向用户发放户保正确使用手册。

2. 线路漏电

（1）如路灯、室内供电线路等，征得用户同意后做绝缘处理或更换线路，在更换线路时应拆除原故障线路，如无法拆除应标识并做好绝缘防护。

路灯线路可通过漏电检测系统中的漏电检测终端逐级挂装各节点，来监测判断缩小漏电线路更换的区间，如前端的检测终端检测到漏电而后端的检测终端未检测到漏电，就说明漏电线路在这两个检测终端之间。

（2）督促用户安装户保，并向用户发放户保正确使用手册。

（3）公共用电，涉水线路做全绝缘化处理并在线路前端安装漏保；低洼地带设备的底部距离地面高度不低于 1.5m（DB 44/T 2157—2019）或移出低洼地带。

路灯线路漏电示意图

3. 接线错误

（1）跨回路零线借用。用户之间跨回路零线借用，零线在用户开关后端与另一表后回路零线相连，造成该两个表后回路都出现漏电现象。如存在该现象，将跨回路零线分离并接入自身回路。

跨回路零线借用　　　　　　跨回路零线入户　　　　　　单根零线接入

（2）零线接地线。用户将 PE 线当成零线使用，造成相线直接对 PE 线产生电流而引起漏电现象，如是该情况，将零线接回配电零线。

地线与零线混接

（三）安装户保

1. 户保安装方式方法

（1）进线安装在户保的进线桩，出线应安装在户保漏电保护模块的出线桩。

（2）严禁拆除漏电保护模块，并将出线安装在户保小型断路器的出线桩，绕越漏电保护模块，失去漏电保护功能。

（3）严禁将出线安装在户保的进线桩，绕越小型断路器及漏电保护模块，失去过载、断路及漏电等保护功能。

2. 户保安装步骤

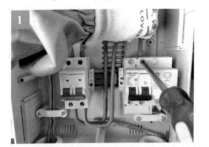

将零线接入户保上装右侧螺钉孔内拧紧

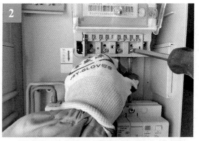

将火线接入家保上装的左侧螺钉孔内拧紧

将家保上装零线接入电表出线的
零线接口位置拧紧

将家保上装火线接入电表出线的
火线接口位置拧紧

注意要点

户保安装时必须
确认户保处于分
闸状态。

将用户零线接入家保下桩右侧的螺钉孔内拧紧

将用户火线接入家保下桩左侧的螺钉孔内拧紧

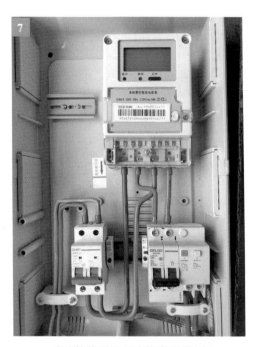

确认接线无误后才能将开关合闸

81

（四）发放户保使用手册

用户安装户保后，为确保户保持续有效的运行，建议为用户发放户保使用手册，告知用户如何使用户保、如何维护户保、当家里出现跳闸后如何正确处理等。

1. 户保的基本操作

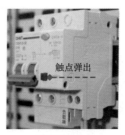
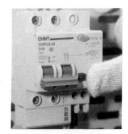

触点弹出

| 户保分闸状态 | 户保合闸状态 | 跳闸后状态 | 按下触点再操作合闸 |

2. 户保维护

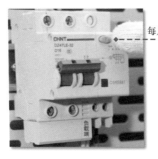
每月试跳确认户保动作是否正常

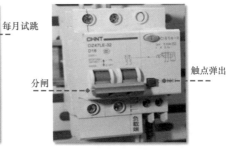
试跳后状态

3. 户保跳闸后的处理方法

（1）当打开电器时跳闸，可能为该电器或电器开关回路有漏电故障点，停用该回路并修复。

（2）当打开任何电器时，都有可能引起跳闸，说明零线上有漏电点，查找故障点做绝缘化处理或更换线路。

（3）在电器都没有使用的状态下，户保仍旧不定时跳闸，说明漏电点在相线上，逐路断开户内分线箱里的出线开关，当断开某一路出线开关后，跳闸情况消失了，说明漏电点在该出线开关下侧的相线上，停用该路出线并尽快修复该线路；如断开所有出线开关后，户保还是不定时跳闸，说明漏电点在总进线的相线上，需尽快修复总进线。

（4）疑似户保故障时，更换户保，户保使用年限建议不超过 6 年。

注意要点 出现跳闸后严禁采用绕越户保的方式恢复供电，以免留下安全隐患。

九、隐患处理反馈

根据低压台区漏电排查记录单，记录每一个步骤过程中的电气信息及责任人员，形成一个完整的测试处理工单，为后期管理提供数据支撑。

低压台区漏电排查记录单

编号：XK0001-1

台区基本信息	台区名称			详细地址		
	台区类型			用户数量		
	台区经理			联系电话		
	总保编号	1:		/2:		/ 3:
	用户数					
	线路电压	A 相 V		B 相 V		C 相 V
总保监控	设备号	1:		2:		3:
	数据分析	□持续，低于 60mA □持续，60mA 以上 □间歇，100mA 以上 □其他：		□持续，低于 60mA □持续，60mA 以上 □间歇，100mA 以上 □其他：		□持续，低于 60mA □持续，60mA 以上 □间歇，100mA 以上 □其他：
	结论	□正常　□异常		□正常　□异常		□正常　□异常
	测试人员			测试日期		月 日~ 月 日
故障点测试	测试情况			结论：		
	测试人员			测试日期		月 日~ 月 日
备注						（详细情况另附说明）

十、资料归档处理

归档资料列表

阶段	资料清单	注意事项	归档
排查前准备	台区状态表	包含配电台区图、三级户保配置、用户数	供电所
	台区漏电情况分类表	按间歇漏电和持续漏电分类	供电所
漏电排查	台区漏电排查记录表	以台区为单位记录每路出线的漏电情况及引起的原因，建议以拓扑方式呈现	供电所
漏电治理	漏电告知书发放清单及附件（漏电告知书）	漏电告知书发放到用户手中	供电所
贯穿整个阶段	台区漏电治理情况汇总表及附件	记录单完整有效	供电所

案 例 篇

　　本篇主要针对台区漏电排查和用户治理梳理了两个典型案例，案例中阐述了如何通过新技术的应用进行台区、用户漏电排查及治理。

案例一：间歇漏电排查处置案例（一）

错误接线引起漏电

变压器出线挂装

1. 案例背景

某配电台区总保存在偶尔跳闸的情况，造成大面积用户停电现象。当地供电公司立即组织人员前往排查，然而多次前往收效甚微。

排查人员在确定台区各相电压电流都正常的前提下，采用的钳形表在变压器出线侧检测到时有时无、时大时小的漏电流。为了排除漏电隐患，排查人员采用传统漏电排查方法将台区停电后，分别对 L1/L2/L3 各相断线、跳杆、并线等方法进行故障定位，然而始终未能找到问题所在。

为解决这个问题，该供电公司引进了新的漏电隐患排查技术以及配套检测工具——漏电检测系统。

由于该台区漏电存在时有时无、时大时小的漏电流情况，属于间歇性漏电，因此采用了漏电检测终端多点挂装法，同时该台区用户分布面广、分支多，所以选择了分支线挂装法。

落户线挂装

用户进线挂装

2. 解决步骤

（1）判断漏电用户。

在挂装测试 2h 后通过漏电数据查看和曲线对比发现有一用户家的漏电曲线与该台区总出线的漏电曲线几乎一致，因此判断该用户是引起该台区总出线漏电的重要原因。

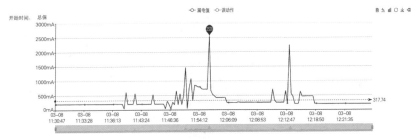

总出线漏电曲线图

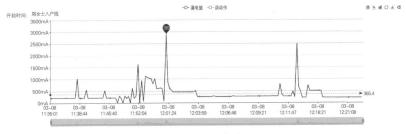

用户进线漏电曲线图

（2）漏电检测系统（单户型）入户排查。

为进一步地排查漏电故障点、保证台区正常运行，工作人员征得用户同意后携带漏电检测系统（单户型）进行入户漏电排查。首先将漏电采集终端挂装至该用户家的接户线处，然后携带 PDA 前往该用户家的一楼、二楼、三楼的户内分线箱位置，分别对一楼、二楼、三楼的分线开关进行通断测试并观察 PDA 的漏电数值变化。

在关闭一楼、二楼的进线总开关时，漏电值并无明显变化，在关闭三楼进线总开关后，漏电流瞬间减小至 10mA 以下，因此判断漏电故障点在三楼供电范围内，合上三楼的总进线开关并逐个关闭三楼的各路出线开关，漏电流逐渐减小，开启时漏电流则相应增大，随着家用电器打开数量增加，漏电流也明显增加，最大漏电流接近 300mA。

三楼分线开关

如上所述，漏电流值随着三楼负载的增加而增加，根据漏电变化现象判断为三楼总进

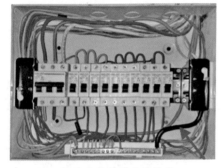

二楼配电分线箱内接地线

线零线漏电,沿着这一思路继续查找零线故障点,最终在二楼的户内分线箱位置发现,三楼的总进线零线与二楼的零线并非接的同一根零线,三楼的总进线零线单独接了一根"未知导线",后经询问用户得知该"未知导线"实际为用户的一根地线。

将三楼总进线零线接入配电零线后,漏电情况消失,台区漏电情况也随之回到正常范围,获得用户好评。

3. 案例分析

文中应用了漏电检测系统并采用了多点挂装排查法中的分支线挂装法:

(1)将漏电检测终端挂装在台区总出线、分支线、用户接户线上,监测台区一段时间的漏电情况。

(2)进行数据对比和曲线对比分析,判断出台区漏电点所在地。

(3)运用漏电检测系统(单户型)的入户漏电排查技术,将漏电采集终端挂装在用户表箱总进线上,用 PDA 观察各楼层分线开关和负载开关打开/关闭时的漏电数据变化,判断出用户家的漏电原因。

(4)根据漏电原因找到漏电点,顺利解决了用户端漏电问题。

其中多点挂装台区漏电排查技术应用方法详见本书隐患排查篇中的台区漏电排查模块,入户漏电排查技术应用方法详见本书现场处置篇里的辅助入户排查模块。

案例二: 间歇漏电排查处置案例 (二)

接户线接地故障引起漏电

1. 案例背景

某供电公司系统反馈,台区某总保在大风大雨天的时候会出现跳闸的情况,平台反馈跳闸时最大漏电值在 3000mA 左右。

根据这一现象,供电公司人员判断,极有可能是树障触碰架空导线引起的漏电,因此

变压器出线挂装

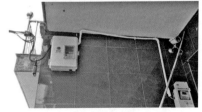

接户线挂装

检修人员清除了该台区总出线以下可能干涉的树枝，然而下一个大雨天到来时，跳闸情况又出现了，且特征与之前的一致。

为解决这个问题，该供电公司引进了新的漏电隐患排查技术以及配套检测工具——漏电检测系统。根据该台区这一漏电特征，采用了多点挂装法，考虑该台区用户较少，所以选择全用户挂装法。

由于该台区漏电只在特殊天气出现，因此还需根据天气预报在暴雨预报前将漏电检测终端挂装完毕。

2. 解决步骤

（1）挂装完漏电检测终端后，天气暂无异样，漏电检测系统也无反馈漏电情况，说明正常天气情况下台区不存在漏电。

　　（2）下午 17:30 左右暴雨开始，当暴雨下至 17:50 的时候，总保跳闸，同时挂装在分支线上的一个漏电检测终端检测到 2200mA 左右的 1 个尖峰漏电，当雨下至 18:30 分左右时，该漏电检测终端又检测到一个 2300mA 左右的尖峰漏电，说明该分支线下接线路或用户有存在漏电的可能。

　　（3）挂装在该分支 3 个用户接户线上的漏电检测终端并未检测到漏电，说明漏电点在该分支线节点与用户接户线挂装节点之间。

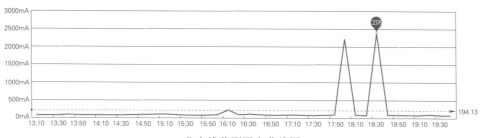

分支线监测漏电曲线图

（4）沿着分支节点分别巡视 3 条接户线，发现有一条接户线前端的穿刺夹通过钢绞线紧固在用户墙体的钢制三脚架上，且穿刺夹有生锈现象，初步判断穿刺夹经雨水渗透后导致绝缘性能降低，电流通过钢绞线流入用户墙体，从而与大地形成回路，造成漏电情况的发生。

故障位置放大图

（5）更换穿刺夹并规整钢绞线后，特殊天气跳闸的情况消失，总保恢复正常运行，获得了用户好评。

3. 案例分析

文中应用了漏电检测系统，并采用了多点挂装排查法中的全用户挂装法。

（1）将漏电检测终端挂装在台区总出线、分支线及所有用户接户线上，监测台区瞬时漏电情况。

（2）通过对漏电特征曲线对比分析，判断出台区漏电点范围。

（3）根据漏电点范围，巡线排查，顺利解决配电线路漏电原因。

其中多点挂装台区漏电排查技术应用方法详见本书隐患排查篇中的台区漏电排查模块，线路漏电分析详见隐患排查篇中的漏电点确认模块。

案例三：持续漏电排查处置案例

用户线路绝缘不良引起漏电

1. 案例背景

某供电公司系统反馈，台区某总保偶尔出现跳闸，根据平台曲线分析，存在 100mA 左右的持续性漏电，偶尔有峰值达到 200mA 左右。

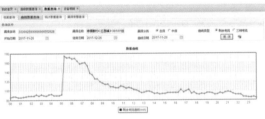

平台漏电监控曲线图

　　由于该漏电属于持续性漏电，供电公司人员采用电流钳排查法，在沿线排查的过程中发现各分支线路均存在大小不一的漏电情况，因此始终未能准确判断真正的漏电位置。

　　为解决这个问题，该供电公司引进了新的漏电隐患排查技术以及配套检测工具——漏电检测系统。根据该台区这一漏电特征，采用了对比挂装法。

总出线挂装

分支线挂装

用户线挂装

2. 解决步骤

（1）将漏电检测终端挂装总出线后，测得总出线一直有 100mA 左右的持续漏电。

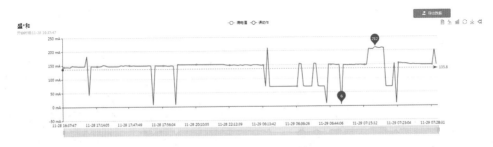

另一路分支监测曲线图

（2）沿总出线将漏电检测终端挂装分支线后，发现一路分支线存在 50mA 左右的持续漏电。

（3）沿总出线将漏电检测终端挂装另一路分支线后，发现另一路出线的漏电流在 150mA 左右持续，且有时会浮动到 50~200mA，根据总保不规律跳闸的情况判断，引起总保跳闸的漏电点应该在该路分支线的下侧。

（4）对该分支线用户进行漏电检测终端挂装检测，在一用户家的进线侧同样检测到 150mA 左右的漏电情况，所以将该用户作为重点排查对象。

（5）将漏电检测系统（单户型）的漏电检测终端挂装至用户总进线进行检测，当断开表箱总开关后，漏电情况消失；当断开家中的户内分线箱的总开关后，漏电情况仍然存在，判断漏电点在该用户家的进户线上。

用户漏电情况判断

（6）沿线查看，发现有一处线路连接处存在破皮的情况，且贴着墙体，用绝缘棒挑开线路后，漏电情况消失，最后确认该处为主要漏电点。

（7）将表箱出线重新接线后，漏电情况消失，台区漏电情况也随之回到正常范围，总保运行恢复稳定，且获得了用户的好评。

线路漏电点图

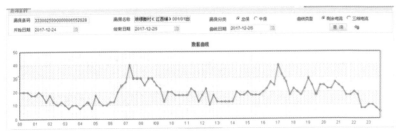

整改后总保曲线图恢复正常